清新田园

名家家装+材料标注
CAILIAO BIAOZHU

编著：叶 斌
配文：张春艳

海峡出版发行集团 | 福建科学技术出版社
THE STRAITS PUBLISHING & DISTRIBUTING GROUP | FUJIAN SCIENCE & TECHNOLOGY PUBLISHING HOUSE

001

001 淡绿的墙面柳枝轻摇，电视背景墙上彩蝶飞舞在花丛中，大自然的气息令纯净质朴的空间充满蓬勃的朝气。

002 木色、米色和白色组成了淡雅柔和的空间。电视背景墙白色的浮雕壁纸以突出的质感肌理，成为理想的自然装饰画，塑造出主题墙的立体效果。

003 镶嵌茶镜的 "L" 形电视背景墙造型与沙发背景墙的门廊相呼应，深浅色调的对比加强了立体感和空间层次感；生动的墙贴再一次突出了设计焦点。

002

003

❶墙贴　❷浮雕壁纸　❸茶镜　❹条纹壁纸　❺镂空雕花板　❻集成板　❼木纹大理石

004/ 清透的白色与地板的木色之间选用浅咖啡色来过渡，色彩的平衡化解了白色易产生的单调感。床头墙的横纹壁纸简洁中带有动感，丰富了空间的视觉效果。

005/ 地面铺贴清透的白色玻化砖，墙面选用白色的高光壁纸，吊顶镶嵌茶镜，多种设计手法拓宽了餐厅的空间感，营造了一个精致明亮的就餐区域。

006/ 空间运用丰富多样的几何形体，通过不同的排列组合体现线条带来的设计美感，搭配富有个性的装饰元素，使简约的空间充满现代气息。

007/ 空间整体色调清透淡雅，氛围舒适宁静。深色木质雕花格由电视背景墙局部连续过渡到客厅的隔断，富有中式古典气息，给空间增添了沉稳、从容的味道。

008 墙面上银色树纹壁纸在光的映射下，凸显晶莹闪亮的特质；吊顶的光带将水晶灯的倒影衬出梦幻色彩，再添加散发金属光泽的饰品，多重元素赋予空间轻度奢华与浪漫的气息。

009 玻化砖地面和石膏装饰吊顶、条纹壁纸、组合家具，在银色与白色的交织中打造一个银装素裹的世界，精美靓丽。

010 简单至极的白色有着唯美、纯真的特质，为避免单调之虞，设计师用心展示精致的细节，不同材质的个性元素，使空间充满时尚与艺术气息。

主要装饰材料

❶ 茶镜　　❷ 米白洞石　　❸ 灰镜　　❹ 雕花 灰镜　　❺ 棕色软包　　❻ 橡木隔断　　❼ 肌理漆

011

012

013

014

011／ 重叠的几何图案使地面充满艺术感染力，呼应装饰玻璃上的树纹和地毯的线条元素，令空间充满趣味、活力无限。

012／ 床头背景墙对称的茶镜利用了借景的作用放大了空间感，白色的家具和柜体保留了欧式的古典意蕴，在高光的花纹壁纸衬托下，轻度奢华的空间散发着温馨、优雅的气息。

013／ 自然的木色在纯白的空间里贯穿使用，一如既往地展现出温馨、柔和的特质；搭配装饰性黑白照片和白色莲花吊灯，清新淡雅的时尚空间静静呈现。

014／ 开敞明亮的空间里，多处的拱门轮廓带来圆润的线条美感，简洁的配色使居室淡雅、温馨。当光线洒在室内的那一刻，一切变得温暖安宁，时间仿佛停留在迷人的阳光午后。

015／ 完整的灰色沙发背景墙以优雅理性的姿态配合同色系地板的铺贴，突显客厅开阔的比例与气势。纯白色皮质沙发贴合背景主题，彰显生活品味，大气而时尚。

016／ 咖啡色绒布软包和米色木纹砖都以回纹装饰条围合，不同材质采用同色系以相同形态，打造柔和温馨的氛围。天花采用窗格扫白处理，清晰立体，淡淡地点缀出中式韵味，空间更添儒雅气质。

017／ 树的形态在清玻和黑镜上恣意地伸展，于素色的空间里展现自然与时尚的姿态；矩阵形态的吊灯和印象派的挂画散发着现代感。没有繁琐、没有奢华的空间，一样有格调。

❶ 木纹大理石　　❷ 绒布软包　　❸ 雕花灰镜　　❹ 复合实木地板　　❺ 爵士白大理石　　❻ 皮革软包　　❼ 磨砂玻璃

018

019

020

021

018／ 洗尽铅华的空间只留下木色的质朴自然，生活变得简单明了、安静从容。

019／ 驼色的沙发背景墙纵向分割的造型与吊顶的装饰板一脉相承，浅咖啡色的地毯搭配深灰色的沙发，沉稳的空间落落大方。

020／ 沙发背景墙采用立体花形软包与对称的茶镜组合，刚柔并济的材料搭配，凸出了花形的细腻质感；灯光的加入，使之成为空间的视觉焦点。

021／ 杉木铺就的楼梯和墙面营造了天然质朴的空间氛围。不需奢华和冗余的装饰，立体几何结构的家具和软装饰以纯粹、原创的姿态呈现，打造充满灵性的时尚概念式空间。

022/ 空间里白色的基底色为红木元素雍容华贵的气质提供了完美的背景，演绎出典雅与隽永的格调。红与白精妙融合的魅力再次阐明——复古即是别样的时尚。

023/ 卧室整体格调时尚简约，黑色元素的点缀，令卧室在温文尔雅中透着理性和从容；充满设计感的组合相框和枝形吊灯，有效地提升了空间的精致感。

024/ 青石铺地、青砖筑墙，一簇奇石、几株翠竹，将自然气息注入古朴的空间，给活动场域带来轻松与惬意。

① 紫檀木饰面板　② 印花壁纸　③ 硅藻泥　④ 镂空木隔断　⑤ 亚光砖　⑥ 文化石　⑦ 素水泥墙

025

026

027

025／天花的深色木梁架结构与透雕窗棂隔断，展现中式风格的大方雅致；朴拙雄浑的山水画屏风，成为主题空间的视觉焦点，彰显大宅的雍容风范。

026／深色木梁架结构、青石地面、圆光罩与博古架组合，中式装饰手法的综合运用，呈现古朴自然、禅意祥和的空间氛围。

027／开敞的空间，错落有致的布局，融合了实用性和建筑美学。客厅使用素白底色，电视背景墙的文化石与做旧的板材及观赏石共同携手，抒发自然之美。

028／灰色的墙面和天花呈现原始的自然状态，让人领悟淳朴自然之风。一面红色的肌理墙激活了平静的空间，撞色的视觉效果强烈，彰显浪漫洒脱的空间个性。

028

029/ 红与白的色彩组合使空间温馨雅致，米色的墙面起到色彩调和的效果。独立的一方天地，让烦躁不安的心沉静下来，细细品味人生。

030/ 几何造型的排列组合令空间整洁有序，又不流于窠臼。灰色的木纹玻化砖由地面延展至电视背景墙，整体色调有着中性风格的理智和冷静，体现了追求自我与时尚的生活态度。

031/ 白色主调的空间有着明显的极简风格，几何设计运用在每个界面和软装饰上，整体格调显得雅致时尚、清丽脱俗。

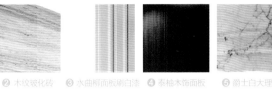

❶ 纱帘　❷ 木纹玻化砖　❸ 水曲柳面板刷白漆　❹ 泰柚木饰面板　❺ 爵士白大理石　❻ 陶瓷马赛克　❼ 米白洞石

032

033

034

035

032／ 仿古砖的肌理质感古朴沧桑，衬托着古老的东方图腾雕刻，传统文化的积淀静静呈现。竹影婆娑的空窗造型，给空间引入大自然的清新气息。

033／ 爵士白大理石电视背景墙通过错落有致的凹凸造型，展现丰富的层次设计；浅咖啡色的沙发背景墙则装饰简洁，繁简有序的空间显得时尚大方。

034／ 金色光泽的拼花马赛克与浅咖啡网纹大理石，铺陈出精美靓丽的居室环境；古典与时尚融合的空间，拉开奢华生活的帷幕。

035／ 浴室运用同一材质作整面墙处理，米白洞石的自然纹理成为装饰线条，沉静中不显单调。金属质地的花朵静静绽放在墙面上，恰到好处的细节点缀突出了精致的品味。

036/ 卷草图案的玻璃隔断集装饰与实用于一体，搭配银色挂画和精致的顶灯，清透的卧室空间浪漫优雅。

037/ 银箔壁纸装饰的吊顶划分了功能区域，空间结构层次清晰。灰和白的底色铺陈出空间的清透与亮丽感，而家具和饰品优美的曲线则丰富了空间的视觉语言。

038/ 白色的素雅空间里摆设欧式线条的皮质沙发，搭配奢华的吊灯，打造一个轻古典的时尚空间。电视背景墙上的黑色手绘藤蔓清新柔媚，带来轻盈的动感。

❶ 米色软包　　❷ 硬包　　❸ 墙贴　　❹ 雕花 茶镜　　❺ 仿大理石墙砖　　❻ 米黄大理石　　❼ 壁纸

039

040

041

042

039／敞开式的空间布局通透明亮，在暖色灯光的衬托下，更显温婉宁静。带有树形图案的装饰镜面作电视背景，极具装饰效果，散发出时尚而自然的气息。

040／各个界面以流畅的直线条勾画，素雅的用色凸出了空间里众多的金属材质装饰元素，个性的时尚表情隐隐流露出一丝后工业时代的气质。

041／墙面以米黄大理石作大面积连贯铺贴，体现空间的完美气度；搭配闪亮的壁纸、繁华复古的吊灯和欧式家具，典雅的空间尽显华贵气质。

042／以多重线条和块面装饰的白色墙面和天花展现欧式空间主题，极富装饰意味的经典黑白格子的出现让人惊喜，彰显别具一格的英伦风范。

043 空间以米黄色的石材和肌理壁纸铺陈清澈、
光鲜的质感，几何线条与几何块面的处理
方式让空间显得简洁、明快。沙发背景的
清镜组合拉伸了空间尺度，成为变幻的、
独特的风景画。

044 不同造型的天花组合带来深邃的空间感。
电视背景墙采用洁白的大理石搭配对称的
茶镜组合，与橙黄色肌理壁纸的材质对比，
丰富了空间的视觉效果。

045 设计师以利落的线条勾画空间布局，用色
则优雅成熟、内敛含蓄。中性风格的空间
一切都没有缺失，亦无冗余，表现出端凝、
低调的空间美。

❶ 米黄洞石　❷ 茶镜　❸ 木纹大理石　❹ 车边银镜　❺ 米色软包　❻ 镜面马赛克　❼ 印花壁纸

046

047

046 地面斜拼的玻化砖和电视背景墙、沙发背景墙的装饰形态相统一，体现了空间的整体性。金色的壁纸、华美的吊灯和精美的家具，流露出时尚与奢华的气息。

047 床头背景墙的白色皮革软包和侧墙的花纹壁纸在水晶灯的照射下，质感与视觉效果愈加华丽，展现温馨典雅的卧室氛围。

048 客厅采用灰色和白色作为空间底色，灰色的沙发背景墙用白色木线条分割成大画框，深色调的装饰画点缀其中，明度的变化令视觉效果更突出，形成了低调华贵的空间印象。

049 驼色的条纹由墙面延伸至顶棚，和地板的条纹元素形成潜在呼应，加强了空间的整体联系。电视背景墙的花纹壁纸调和了直线条的重复感，带来柔美和温馨的感觉。

048

049

050/ 自然纹理的木地板承载色彩绚丽的沙发，田园气息的壁纸和地毯相组合，恬美的空间弥漫着温情暖意的家庭氛围。

051/ 敞开式的布局使空间不显拘谨，陈设简单大方。大地色系的运用使空间色彩转化得和谐自然，视觉感受温暖宁静。

052/ 空间里一侧墙面作大面积留白处理，衬托对面墙体上皮革软包的色泽和质感。一组灵动时尚的金属装饰成为渲染空间气氛不可缺少的精致细节，将现代风格与生活品质完美结合。

主要装饰材料

① 耐火砖　② 集成板　③ 皮革软包　④ 玻化砖　⑤ 复合木地板　⑥ 文化石　⑦ 橡木饰面板

053／纯白的底色加上通透的布局，空间尺度更显开阔。色彩明艳的两幅装饰画与同样夺目的吊灯成为空间亮点，增强了空间的画面美感。

054／卧室各界面不加修饰作留白处理，搭配白色家具和床品，空间干净清透到了极致。原木色地板的铺陈，微微增添了清新与淡雅的气息。

055／具有原始气息的文化石壁纸铺贴墙面，展现出朴拙之美。如意造型的天花用灯带描绘出美妙的轮廓，是空间靓丽的点睛之处。

056／空间运用深浅不一的棕色系布置，地面的拼花石材展现几何图形带来的奇异魅力；电视背景墙的创意打破常规，精彩演绎自由多变、不拘一格的设计理念。

057 大面积的碎花壁纸搭配相同主题的软装饰，展现了空间的柔美浪漫气质。墙裙和床头的线脚有古典欧式的痕迹，不显奢华，但足够精致。

058 两侧背景墙的高光花纹壁纸以靓丽的金属质感，铺陈出奢华优雅的氛围；典型的香槟金色调中，流光溢彩的灯具和家具上繁复的雕花线条，极尽细腻地刻画出欧式古典格调。

059 粉红色的花纹壁纸搭配粉红色的吊灯，营造出童话般的纯真浪漫，恰似少女瑰丽的梦境。天花的光带设计，恰到好处地烘托了主题空间的柔美气质。

❶ 米黄大理石　　❷ 报告壁纸　　❸ 木造型刷白漆　　❹ 文化石　　❺ 泰柚木饰面板　　❻ 雕花茶镜　　❼ 胡桃木饰面板

060

061

060／客厅以自然石纹理的壁纸作多立面的铺贴，带来质朴的气息。看似随性搭配的电视柜台面，表现出轻松自然的生活质感。

061／空间立面注重色彩的搭配和衔接，红檀木饰面板与米色软包、亮色花纹壁纸，共同调和了黑白色的明度对比，营造出幽雅迷人的空间氛围。

062／大面积杏色卷草纹壁纸铺贴出淡雅怡人的空间色彩，一块花纹艺术茶镜与空间的整体色调自然衔接，增强了墙面的装饰性，带来灵动与时尚的气息。

063／墙面与天花形成倾斜的几何角度，打破了规整的空间常态，呈现不一样的结构设计感。床头墙的组合相框镶嵌茶镜作为即时变幻的风景画，细节设计也颇显匠心。

062

063

064

064/ 壁纸的条纹与重叠的几何图案带有一种规则美感，反衬出荷花与翠竹的生动灵秀，自然清新的感觉如风吹过，空间的闲适感油然而生。

065/ 几何图案的壁纸中间，一幅历史长河的画卷散发着悠悠古韵，成为视觉焦点，给静谧的休闲空间带来时空流动感，颇显匠心。

066/ 黑与白是两个距离最遥远的对比色，既冲撞又和谐，视觉效果强烈。空间充分发挥黑与白的经典特性，打造出优雅时尚的清透空间。

065

066

❶ 柚木饰面　❷ 木纹瓷化砖　❸ 印花壁纸　❹ 雕花隔断　❺ 仿古砖　❻ 有色乳胶漆　❼ 墙绘

067 在简洁现代的空间里，疏影横斜的梅花画卷搭配仿古家具，带来浓墨重彩的中式风，历史和文化的沉淀给予空间端庄雍容的气质。

068 自然石肌理壁纸饰面的电视背景墙错落有致，自然气息浓郁，与仿古砖铺贴的地面、淡蓝色碎花沙发一起，营造出温馨恬美的田园印象。

069 白色线条作为装饰要素串联起空间各个界面，空间气韵完整连贯。白色边框围合赭色大叶纹壁纸铺贴的墙面，欧式新古典家具，复古风格的化妆镜，搭配出迷人的异域情调。

070 突出的黑白色块对比带来优雅时尚的别致氛围。吊顶大小不同的圆形灯池隐含丰富的动态联想，与墙面上流畅飘逸的蓝色带状水波纹相映成趣，强调了空间的自然主题。

071

071/ 大理石的天然纹理和线条装饰给人感觉并不冰冷，反而明亮活泼；搭配灵动有致的白色雕花隔断，简约的空间清丽明亮、安静舒适。

072

072/ 卧室墙面采用光泽度极佳的壁纸，搭配白色家具和灯具，显得明媚优雅。晶莹剔透的主卫浴间设计体现了时尚与温馨并重的空间主题。

073/ 清透的白色弱化了空间布局的曲折感，同时打下明亮的空间底色。电视背景墙几何形体的叠加富有层次感，而镜面和金属的光泽亮度增加了空间的华美气息。

073

❶ 蒂士白大理石　❷ 米色软包　❸ 车边银镜　❹ 条纹壁纸　❺ 米黄大理石　❻ 米白木纹玻化砖　❼ 水曲柳饰面板擦色

074

075

077

074／ 白色的空间清新明净，银色的壁纸与白色书柜横竖线条对比和穿插，富有节奏感，块面层次清晰。极具艺术感的吊灯、精美的摆件，细节打造呈现高端品质生活。

075／ 米色玻化砖的铺贴使地面和墙面完整统一，也打下清透的空间底色。清爽整洁的家居陈设，营造出纯美简约家。

076／ 黑色和灰色、黄色和米色，两组冷暖色调的搭配、调和，产生婉约柔美与冷峻知性的碰撞、融合。由色彩主宰的空间，风格鲜活多变、自由洒脱。

077／ 组合书架连续的圆弧造型与磨砂玻璃门的装饰线条，在色彩和形态上相一致，空间显得凹凸有致，利落有形。

078／ 敞开式的空间以方圆各异的吊顶设计界定功能区域，又以连绵不断的壁纸铺贴完成空间的协调与统一。白色基调和欧式线脚令空间在时尚中透出优雅。

079／ 各个界面不同材质、不同色彩的搭配，打造了独一无二的空间感。通过对质感和丰富饱满的颜色的表达，彰显时尚、前卫的个性。

080／ 天花设计以块状和条纹交织，明快的纵横动线带出不同的场域划分。白色和木色主宰的空间，简单温柔的色调搭配，也能带来非凡的视觉享受。

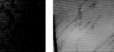

❶ 印花壁纸　　❷ 爵士白大理石　　❸ 木板条刷白漆　　❹ 镂空隔断　　❺ 仿古砖　　❻ 复合实木地板　　❼ 防滑砖

081

081/ 木元素以灵活多变的装饰形态构成空间的设计主线，富有中式古典气息的雕花壁挂和生动传神的人物木雕，充分展现木元素的温润质感，精彩细节打造的空间清新自然、明净雅致。

082/ 简化的罗马柱和新古典的家具，呈现出淡淡的典雅与浪漫；电视背景墙上的风景油画色彩饱满、主题鲜明，田园气息油然而生。

083/ 白色的天花和家具多层边框的运用，从细节上保留了欧式情调，空间呈现出含蓄优雅又柔和的氛围。

084/ 木板拼贴的浴室天花做出别致的折角造型，丰富了界面层次，并打造出舒适的空间高度。仿古砖的大量铺贴与木元素的搭配质朴自然，契合空间特点。

082

083

084

085/ 敞开式空间色调恬淡清新，白色砖纹墙面和卡其色的肌理壁纸质朴自然，典雅的空间融入了一丝淡淡的田园气息。

086/ 以赏心悦目的木色和白色为基调，清新淡雅的日系风传达出回归自然、品味生活的淳朴理念。

087/ 居室采用天然的木、藤、竹元素打造，追求返璞归真之美。天花使用了透光板，带给空间宛如阳光照耀般的温暖与明亮。

❶ 肌理壁纸　　❷ 橡木条　　❸ 透光板　　❹ 啡网纹大理石　　❺ 仿古砖　　❻ 米黄大理石　　❼ 青砖

088

089

088/ 实木打造横梁、顶棚和主题墙，舒适的自然气息触手可及。经典复古的家具、壁炉造型，连续的拱门，营造了典雅高贵又温馨柔和的空间形象。

089/ 仿古砖的地面和墙面铺陈出质朴和温暖感，枝形吊灯与装饰主体的圆形花台配合默契，在白色卷草纹清玻隔断和典雅的楼梯扶栏衬托下，玄关成为第一道美丽的风景。

090/ 电视背景墙铺贴的米黄大理石与横纹壁纸的色调和谐统一，图案走向一致，引导出进深方向的空间层次。吊灯的水晶帘与装饰画带米线条的变化，既装点了空间，又展现了精彩的细节设计。

091/ 青灰色地砖和青砖墙面围合的露台强调人与自然和谐交流，朵朵莲花灯簇拥的主题墙彰显设计师的匠心，巧妙打造出"家似陶然居"的意蕴。

090

091

MINGJIA JIAZHUANG+CAILIAO
BIAOZHU · QINGXIN TIANYUAN
名家家装+材料标注 · 清新田园

092/ 大面积的落地窗带来开阔的视野，无边的
旖旎风光尽收眼底。波纹状的顶棚设计，
自然生态的藤椅，碎石的地面，鹅卵石的
随意点缀，打造出贴近自然、畅享自然的
闲适空间。

093/ 藻井式吊顶巧妙嵌入实用功能，不显突兀。
对称的印花装饰灰镜和清玻的使用，令空
间轻盈通透；精美的装饰元素点缀其中，
增添了个性与时尚。

094/ 配合空间的梁架结构，墙面做多块面划分
组合。电视背景墙中花白大理石天然的写
意山水画纹理，衬托婷婷的荷花，再点缀
繁茂的绿植，古韵幽幽的空间里吹来大自
然的和煦之风。

❶ 镂空木隔断　❷ 爵士白大理石　❸ 大花白大理石　❹ 玻化砖　❺ 皮草饰面　❻ 硅藻泥　❼ 集成板

095／鲜明的色彩搭配带来赏心悦目的画面美感，一扇中式花格的推拉门流露出怀旧情结，搭配古朴诗意的红梅图，就餐空间精致、典雅。

096／灰白色的基调使空间单纯明净，电视背景墙的多块面处理丰富了空间层次，家具和灯具的造型充满几何美感，整体空间呈现出利落的现代简约风格。

097／方正规整的空间装饰材质丰富，色彩淳厚饱满。洁白的天花变成画纸，灵动的花鸟手绘激活了沉稳的空间，成为了最靓丽动人的视觉焦点。

098／几何元素运用在所有界面，空间有极好的连贯性，材质和色彩的区别又不会显得重复乏味。重点打造的展示柜是就餐区域的装饰亮点，小有情调。

099/ 重复使用的矩形块面打造整齐有序的空间。影视墙采用木饰面规则排列，突出了吊灯和沙发背景墙上黑镜装饰带的灵动活泼，两者浓淡相衬，动静相宜。

100/ 经典的花鸟壁纸与实木家具营造出中式氛围，吊顶的浮雕曲线和电视背景墙的拼花石材带来时尚的律动，丰富的材质与色彩混搭的空间，呈现一场视觉盛宴。

101/ 中式韵味的画卷与缤纷的瓷砖墙面遥遥相对，大胆鲜明的对比布置和刚柔并济的选材搭配，打造出复古时髦的个性空间。

主要装饰材料

❶ 雕花灰镜　　❷ 艺术壁纸　　❸ 彩色瓷片　　❹ 泰柚木饰面板　　❺ 白色乳胶漆　　❻ 钢化玻璃　　❼ 麻纹壁纸

102

103

102/ 空间的各立面以不同的材质丰富了墙面语言，用色柔和内敛。多次运用的矩形装饰元素简洁利落，勾画出空间的清新与时尚感。

103/ 杏黄色的墙漆刷出清新怡人的底色，白色的拱门造型演绎欧式经典之美，特色的彩盘壁挂和复古图纹的布艺沙发，多角度地铺陈出空间的优雅格调。

104/ 几何元素和流畅利落的直线条构成了现代简约空间，简洁的电视背景墙因为凸出的几何体台面而显得别致起来，少许的深色点缀，使空间层次更显丰富。

105/ 墙面铺贴灰色肌理壁纸，空间显得洁净自然。青花瓷盘的装饰搭配现代个性的吊灯和坐椅，小小的空间流露出细节的精美。

104

105

106/ 电视背景墙对称的镂雕图案与客厅的隔断均以铝合金作边框，沙发背景墙相同的装饰形态形成了画中有画的美感。多处金属材质的运用和点缀，为空间注入更多的现代气息。

107/ 实木拼花地板、复古花纹壁纸、银边清镜、线脚繁复的家具和装饰板，多重元素的混搭，彰显古典欧式的尊贵与奢华。

108/ 大理石方壁柱造型，多重的石膏线脚，炫目的镜面马赛克线形装饰，优雅的白色调空间弥漫着精致华丽的欧式风情。

❶ 米黄大理石　　❷ 皮革软包　　❸ 镜面马赛克　　❹ 雕花银镜　　❺ 银镜　　❻ 大花白大理石　　❼ 柚木饰面板

109

110

111

112

109／ 雕花银镜装饰了电视背景墙，灯光的引入加强了墙面的装饰美感。客厅的清镜隔断利用镜像虚实掩映，延展了空间尺度，视觉效果也更华美。

110／ 宁静的白色空间里，床头背景墙黑白图案的软包设计搭配相同主题的地毯，形成很强的视觉张力，带来不同凡响的装饰效果。

111／ 拉槽处理的大花白大理石在墙面上的运用，使空间显得光洁明亮；简洁的几何块面重复使用，使开敞的空间增添了几许动感。

112／ 空间运用自然质朴的大地色系布置，墙面壁纸和柚木饰面板的线条纹理整体性强又富有变化，产生简洁明快而又柔和温馨的视觉感受。

113/ 靓丽的花纹壁纸铺贴出一个开敞通透的空间。卡其色与白色相间的条纹由墙面延伸至天花，平衡了纵深过长的空间比例，也丰富了视觉效果。

114/ 卫生间墙面的米黄色墙砖和地面的大理石菱形拼贴，彰显出空间的华贵与气派；台盆柜体和壁镜的装饰曲线，述说着欧式格调的优雅迷人。

115/ 沙发背景墙的波浪曲线灵动有致，给空间带来了活力和暖意，成为视觉焦点。电视背景墙的造型因为底部镶嵌了车边茶镜，空间表情丰富了许多。

①绒布软包 ②米黄色墙砖 ③车边茶镜 ④印花壁纸 ⑤石膏板造型 ⑥灰镜拼白漆 ⑦木纹大理石

116/ 菱形图案的米色壁纸在灯光的渲染下，凸出了质感效果；银色的挂画与银光闪闪的顶灯呼应了墙面壁纸的气质，精美的细节流光溢彩。

117/ 不完全封闭的下沉式吊顶在隐藏灯带的映衬下，变得轻盈生动；倾斜的天花一角打造出别致的欧式窗造型，饰以华丽的窗帘，演绎出与众不同的优雅格调。

118/ 主题墙的凹凸造型丰富了立面的层次，沙发背景墙的壁龛装饰组合充满动感，构成了现代空间的装饰要素，再结合吊灯、装饰组画，多重元素的叠加充分展现空间的时尚艺术品位。

119/ 爵士白大理石背景墙与玻化砖地板气韵相合，奠定了明亮纯净的空间基调。丰富的装饰元素组合，不拘一格、个性独具，使空间充满了现代气息。

120/ 简约风格的明快线条和几何块面的穿插呈现纯净的空间气质，竖纹壁纸和木格栅装饰强化了线条带来的流畅感。

121/ 天花的线条设计与电视背景墙的造型相呼应，与空间里的几何图案有着千丝万缕的联系，强调了设计脉络的完整。墙上的黑白装饰画为冷静的空间氛围增添了艺术气息。

❶ 爵士白大理石　❷ 紫罗红大理石　❸ 灰镜　❹ 雕花茶色玻璃　❺ 旧花木地板　❻ 米黄大理石　❼ 啡网纹玻化砖

122/　大面积石材和银箔壁纸组合的空间，呈现冷静的灰白色调；深色的雕花玻璃隔断带来沉稳感觉，减弱了清冷感。一盏华美的大吊灯将空间焦点集中在就餐区域，展现不凡的生活品味。

123/　在白色的基调上，原木材料的运用贯穿整个室内空间，打造浓郁的异国乡村风情。丰富的细节，浓郁的色彩，展现"森林"系生活的轻松自在。

124/　清透的米黄大理石作电视背景墙的装饰主体，两片灰镜相依而立，借景的作用放大了空间尺度。绽放在墙上的蓝色花朵、水晶台灯、艺术插花，搭配出精致的时尚感。

125/　浅啡网纹玻化砖的铺贴展现空间的完整性，凹凸的横向线条与台盆柜体的纵向线条对比充满设计感，打造出利落、时尚的卫浴空间。

126

127

126 大理石清透明朗的白色与皮质沙发的黑色冷静相对，明暗色调搭配巧妙。舍弃了浮华的装饰，空间显得明亮开阔、沉稳大气。

127 床头的横向软包镶嵌亮色的铝饰条，与银色画框相呼应；花纹壁纸在灯光的映射下熠熠生辉，搭配金属质感的玲珑顶灯，时尚的空间带着一抹梦幻的色彩。

128 空间的主题墙铺贴淡雅的壁纸并以铝饰条分割出横向动线，银色边框的挂画在灯光的投射下增加了墙面的靓丽质感，富有时尚气息。

128

❶ 爵士白大理石　❷ 米色软包　❸ 实木地板　❹ 艺术壁纸　❺ 玻化砖　❻ 褐色硬包　❼ 木造型刷白漆

129

130

131

129／ 卧室空间不设主光源，而以照射角度集中的点光源凸显主题墙面，经典花鸟壁纸的古朴自然和杏色肌理壁纸的柔和质感，极好地渲染了空间的温馨氛围。

130／ 餐厅通往客厅的门采用了园林中传统的圆光罩造型，增添了曲径通幽的情趣；一盏明艳的仿古宫灯，点亮了新中式的主题空间。

131／ 灰色的基底色使空间呈现出冷静低调的气质；黑色的吊灯和褐色床头墙的设计，不拘一格，个性鲜明。

132／ 白色的空间简约、清新。沙发背景墙的清镜放大了空间尺度。电视背景墙的凹凸造型使之成为装饰焦点，与空间里的矩形元素相呼应，使设计脉络清晰完整。

132

133/ 浪漫恬美的米白色空间将现代轻古典格调完美演绎。层叠的窗幔皱褶、靓丽华美的壁纸、枝形吊灯，丰富的装饰元素共同烘托空间主题。

134/ 空间色彩浓郁，搭配温馨的灯光组合，暖意风格的精彩表达。床头的雕花，柜体的细腻线条，晶莹的吊灯，进一步提升了空间的品位。

135/ 木线条围合的印花磨砂玻璃带出连续不断的墙面造型，空间序列清晰连贯。拉槽处理的木纹大理石电视背景墙与卷草纹饰的水晶灯，将空间的时尚与优雅显现出来。

❶ 米色软包　❷ 银镜　❸ 木纹大理石　❹ 茶镜　❺ 米色墙砖　❻ 金属砖　❼ 铁刀木饰面板

136/ 电视背景墙采用不同材质组构，和镜虚实结合，延伸了视觉空间；色彩的局部差异显现鲜明的层次感，视觉效果突出。

137/ 不需过多的装饰，黑白经典的色彩组合即是优雅格调的最好诠释。一盏白色莲花吊灯带来唯美的画面感，使就餐区清透雅致。

138/ 客厅与其他区域之间的区域界定采用了圆光罩艺术隔断的设计，虚实结合中引入若有若无的光影；与之相对的电视背景及电视柜则采用直线条打造，方圆各异，古今合璧，颇具匠心。

139/ 家居环境中，实木地板所承载的是直抵人心的温软触感，每寸纹路都是坚韧宽容、厚重踏实，本案舒适沉稳的空间氛围即来源于此。

140/ 地面斜铺的仿古砖与电视背景墙的文化石肌理，共同组构出自然而有亲和力的居室氛围。繁茂的绿植与大片的花纹壁纸挥洒盈盈的绿色，空间洋溢着清新与活力。

141/ 白色基调的卧室纤尘不染，只用木色作为轻盈的点缀色。简约的空间洗练而有个性，给人以无尽的想象。

142/ 简洁的矩形线面勾画各个界面，空间布局流畅明快。清透的地面和墙面衔接自然，局部使用沉稳的黑胡桃木饰面板和装饰茶镜，空间显得时尚、优雅大方。

① 文化石　② 金刚板　③ 米黄大理石　④ 硬包　⑤ 素色壁纸　⑥ 雕花灰镜　⑦ 肌理漆

143

144

145

146

143/ 两个相对的墙面采用相同的装饰形态，轻柔的色彩给空间带来温馨和浪漫。客厅摆放的白色经典家具，传递出欧式新古典的优雅韵味。

144/ 统一的木饰面板打造的实用柜体简洁利落，地面和壁纸的色彩与之衔接自然，空间质朴无华、柔和内敛。

145/ 空间布局打破常规，自由洒脱。电视背景墙设计感强烈，灰镜和斑马纹的地毯，自然时尚，展现出一个令人惊喜、富有个性的空间。

146/ 原木色地板铺陈出温馨的家居氛围，木纹的温润纹理和电视背景墙粗糙的肌理质感带来浓郁的自然气息。极好的采光条件让家沐浴在阳光下，尽情享受生活的恬淡美好。

147 轻盈的色彩，简化的线条，空间融入平静宽厚的生活态度。温润的地板，清新自然的柳丝线条壁纸，让人感悟生活的本真与美好。

148 白色和深木色平分秋色的设计，在空间布局上产生明快、利落的效果。局部抬高的地面使得地板的线条感如同涓涓水流，在视觉上与柜体的横向线条相契合，规则的线条意想不到地令空间变得生动有趣。

149 对称布局的手法，古典元素的运用，令空间呈现出清雅含蓄的中式风格。枝形吊灯、玻化砖及茶镜的运用，令空间融入现代感，再饰以随风曼舞的荷叶画卷，空间呈现出自然的灵动之美。

❶ 素色壁纸　❷ 红橡木饰面板　❸ 爵士白大理石　❹ 玫瑰木饰面板　❺ 米色软包　❻ 灰毯　❼ 实木地板

150

151

152

153

150／沉稳的玫瑰木饰面板突出了电视背景墙，与其他界面的素色形成对比。淡雅的花纹壁纸反衬沙发背景墙两幅前卫的装饰画，彰显空间独树一帜的鲜明个性。

151／床头墙的米色软包以深胡桃木框边，与同色的墙面共同营建柔和宁静的卧室氛围。化繁为简的空间不作多余的装饰，一幅色彩明艳的装饰画成为视觉焦点，点亮了静谧的空间。

152／黑白灰的主旋律在现代空间里奏响动人的乐章。装饰材质的多样、装饰细节的精美，使空间每个角落都有精彩，每个界面都是主题，彰显设计师的非凡创意。

153／空间从色彩到材质到家具的选择，尽显欧式的华贵；书桌的摆放和地毯的搭配流露出优雅高贵的气派。

154／　清浅的地面砖和浅豆绿色的墙面，空间呈现一派清新自然。立体感十足的白色镂空装饰板成为视觉焦点。水晶灯和家具的优美线条，令时尚的空间融入几许欧式的浪漫情怀。

155／　空间的每个界面运用不同材质呈现不同的装饰表情，大地色系的地面与墙体和谐统一，组成温馨明媚的舒适空间。

156／　靓丽的橙色花纹壁纸激发了空间的热情和活力，带来富足和快乐的感觉。传统的木质花格、圈椅、宫灯，传递的中式韵味轻盈浅淡，精彩细节打造出优雅空间。

❶ 镂空板　❷ 米色软包　❸ 花格隔断　❹ 素色壁纸　❺ 有色乳胶漆　❻ 仿古砖　❼ 树纹壁纸

157

158

157／ 灰色的肌理壁纸与深灰色地毯相呼应，地板与实用柜体的色彩相协调，空间散发着宁静淡雅的气息。

158／ 经典的黑白灰装饰主旋律中融入了娇嫩的杏色和神秘的紫色，出其不意的色彩邂逅赶走了平淡乏味，时尚空间变得格外精彩。

159／ 本案依据不规则的空间形态串联起各个功能区域。铁艺的吊灯，蓝白元素的沙发背景墙，圆弧线条的拱门墙，淡淡的异域田园风情令人沉醉。

160／ 本案依据空间走势将实用功能安排妥帖，布局紧凑，利用合理。色彩搭配和材质组合，突出了现代简约风格的主旨和特点。

159

160

161 卧室的墙面采用白色皮革软包和漫卷的花草壁纸，展现古典、浪漫主题。床头墙局部的车边清镜映衬奢华的吊灯，虚实变幻的影像增加了视觉上的华美。

162 空间里色彩的运用，天花和墙面多处的拱门造型，电视背景墙的马赛克拼花，演绎出地中海式的异域情调，散发着自然清新的田园气息。

163 方形的天花界定了书房区域，半透明的隔断保留了空间的私密性，灰色的乳胶墙面漆渲染出宁静和理性的氛围。

❶皮革软包　❷马赛克拼花　❸竹帘　❹仿古砖　❺爵士白大理石　❻素色壁纸　❼实木地板

164/ 书房延续了客厅的典型元素以及整体格调，墙面的暖黄色衬托着木质的书桌和置物架，空间印象自然亲切、温馨恬静。

165/ 敞开式空间令视线得以自由穿梭，通透感强。电视背景墙的主体选用爵士白大理石，两侧的茶镜有效地延展了空间，现代材质的大量使用营造出明朗开阔、时尚大气的空间印象。

166/ 灰色的肌理壁纸令白色的空间多了沉静与儒雅的气质；华美的枝形吊灯增添了浪漫的气息，提升了空间的精致感。

167/ 充满设计感的桌椅组合搭配个性十足的吊灯和装饰画，创意元素给简约的空间带来时尚与精彩。

168/ 白色的空间里加入温润的木色，让生活更具自然的韵味。原生态茶桌的朴实质感，给简单闲适的空间增添了浓郁的生活情趣。

169/ 高光花纹壁纸大尺度的自信表现，将时尚与优雅体现出来。同主题的布艺沙发与地毯的搭配，尽显设计师对空间色调的掌控能力，和谐的居室氛围非常容易让人产生共鸣。

170/ 空间的立面统一采用壁纸铺贴，大块面的处理方式让空间显得完整、大气。一幅古朴的花鸟画与两幅现代画的凝眸相对，带来古典与时尚的和谐交融。

❶ 红橡木饰面板　❷ 米黄大理石　❸ 艺术壁纸　❹ 枫木饰面板　❺ 有色乳胶漆　❻ 茶镜　❼ 爵士白大理石

171／米黄色墙面和自然的木色融为一体，清新温婉的空间色调使人轻松舒适。抬高的地面划分出不同的功能区域，精心打造的露台令窗外的美景触手可及，田园风的舒缓意境完美呈现。

172／白色主宰的空间优雅高贵，墙面色彩明度的局部差异带来视觉上的层次效果。圆弧形的白色边框与黑色窗格，将室外的美景打造成一幅装饰画，露台成为使人流连的惬意所在。

173／黄色的非洲菊开满了墙面，仿佛阳光下无数的笑靥；搭配洁白的莲花灯、触感柔软的地毯，空间弥漫着浓郁的自然气息。

174／爵士白大理石的电视背景墙与地面清朗的玻化砖一同展现开阔明亮的设计基底。简洁的吧台造型划分了功能区域，空间显得流畅完整、清新时尚。

175/ 大幅花鸟壁纸与电视背景墙的花朵造型装饰形成潜在的呼应，一派自然清新的田园气息油然而生，让人倍感温馨。

176/ 青灰色调的空间冷静、沉稳。水墨荷花、青花瓷瓶和圈椅等中式元素的运用，表达一种古朴、内敛的怀旧情结，给现代空间增添了隽永的人文意蕴。

177/ 大面积的灰色青石砖展现质朴的特质，自然石的铺贴将原野和山川的神采展现在眼前。无尽的晴空，和风微醺，绿植摇曳，悠闲惬意的休闲时光令人沉醉。

主要装饰材料

❶ 皮革软包　❷ 墙贴　❸ 文化石　❹ 花格隔断　❺ 木纹大理石　❻ 壁纸　❼ 泰柚木饰面板

178 / 不同的吊顶设计明确了空间格局划分，深色透雕花格隔断前置古色古香的翘头案，惹人瞩目，添加中式元素的现代空间更显端庄秀丽。

179 / 严谨的矩形块面装饰了空间的各个立面，深浅色的搭配使外凸和内凹呈现多变的层次。卷草花纹的水晶灯在素雅的天花上带来光和影的美妙结合，给空间增添了一丝浪漫气息。

180 / 墙面的异形纹壁纸与地板的纹理有异曲同工之妙，活泼的曲线与沉稳的黑色块面交错互动，展现出冷峻中兼容温柔的别样魅力。

181 / 米色墙砖上做出韵律感十足的疏密线条，延伸到客厅的隔断，空间走势流畅自然。纵向的泰柚木饰面板与顶部的灰镜搭配，拉升了空间高度，增加了色彩平衡，使空间更具舒适感。

053

182/ 银箔花纹壁纸以其特有的光泽和气质，传递出一种低调的奢华；空间里细节丰富而迷人，彰显优雅的生活品味。

183/ 淡雅的壁纸衬托碎花的沙发，与相对的砖墙和壁炉联手，打造清新田园风；而天花的画面描绘出"天光云影任徘徊"的唯美意境，烘托了空间主题。

184/ 暖黄的墙漆，清雅的壁纸，碎花的沙发，红砖壁炉，汇聚在白色天花下，营造出清新恬淡的田园气息。

❶ 银箔壁纸　　❷ 耐火砖　　❸ 有色乳胶漆　　❹ 卷草纹壁纸　　❺ 文化砖　　❻ 仿古砖　　❼ 爵士白大理石

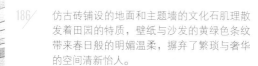

185/ 墙面用卷草纹壁纸铺贴出完整流畅的空间，深紫色的沙发与电视背景墙的紫色花纹壁纸相呼应，空间弥漫着神秘浪漫的艺术气息。

186/ 仿古砖铺设的地面和主题墙的文化石肌理散发着田园的特质，壁纸与沙发的黄绿色条纹带来春日般的明媚温柔，摒弃了繁琐与奢华的空间清新怡人。

187/ 石材的肌理质感抒发着自然之美，与之相对的白色柜体线条规则严谨；清新明艳的黄绿条纹沙发搭配线条优雅的茶几，开敞明亮的空间里，田园与古典风交相辉映，相得益彰。

188/ 墙面浅咖啡色壁纸图案富有现代气息，与爵士白大理石的纹理相契合；淡绿色的装饰镜清新自然，突出了简约时尚的空间主题。

189／ 明亮的白色调令人倍感清新，也带来大气时尚的空间氛围。斑马木饰面墙色彩鲜明的木纹肌理串联起客厅、餐厅，起到连续不断的视觉引导作用，带出流畅自然的空间走势。

190／ 电视背景墙充满艺术感的镂空图案成为空间的亮点，枝形水晶吊灯搭配紫色布艺沙发，空间显得柔美而浪漫。

191／ 纯净的白色空间里主题墙铺贴玫瑰花壁纸，淡淡的欧式田园风弥漫开来。一块生动而富有个性的地毯，令田园气息格外鲜活。

主要装饰材料

① 斑马木饰面板　② 雕花板　③ 壁纸　④ 雕花红镜　⑤ 青砖　⑥ 墙贴　⑦ 哑化砖

192／ 浅淡的用色使空间清透、干净。局部的墙面壁纸、雕花门和布艺沙发的纹理，展现出线条的韵律感。舍弃了繁杂装饰的空间，展现出现代极简风格。

193／ 青砖肌理的质朴自然，木色元素的清新柔和，使空间洋溢着怡人的田园气息，唯美浪漫。

194／ 淡雅的花纹壁纸与沙发背景墙的墙贴画，带来田园的小清新；搭配碎花的布艺沙发和葱茏的绿植，灵动清秀的空间恬淡舒适、打动人心。

195／ 借助于吊顶的光带照射和代替实体墙的白色木格栅，空间结构表现出有序穿插，层次清晰。沙发背景墙采用大面积的清镜，延伸视野范围，拓展了空间。

196／　开阔的天花造型将空间的明朗气势展现出来。灰白色纵向条纹的壁纸拉高空间尺度；横向动线的电视背景墙因为装饰了一片特色石材而凸显个性。

197／　卧室采用米色系来装饰，墙面的花纹壁纸以高光泽度点亮了空间，带一点奢华，带一丝古典，温馨浪漫，打动人心。

198／　休闲区的两处隔断采用大片白色花朵镂雕，局部天花饰以荷花画卷，加上生态藤椅、园林一角，共同打造出拥抱自然的一处"秘密花园"。

❶ 米白洞石　❷ 米色软包　❸ 镂空雕花板　❹ 陶瓷马赛克　❺ 仿大理石墙砖　❻ 银镜　❼ 纸布软包

199　典型的拱门造型与马赛克图案带来异域风，枝形吊灯、中式仿古家具的融入，将现代元素与经典甚至是复古细节混搭，打造异彩纷呈的另类视觉空间。

200　墙面进行多块面的划分和处理，丰富了行进表情，展现大纵深的空间感。电视背景墙对称的树形茶色装饰镜呼应沙发背景墙的黑白装饰画，潜在的联系与色彩的过渡，加强了场域的完整性。

201　简洁开阔的天花设计彰显空间的大气与豪放。深色地板与浅褐色肌理壁纸平衡了空间的色调，增添沉稳和儒雅的气质。

202　富有层次感的覆斗形吊顶拉升了空间高度，丰富了顶部空间。砖红色的布艺软包和粉色的壁纸，使卧室洋溢着温馨浪漫的气息。而卷草纹的重复出现，加强了空间各界面的联系。

203

204

205

203／ 做旧的地板、素雅的壁纸、田园气息的沙发和茶几、铁艺吊灯，空间在色彩和材质的选用上别具一格，舒适安逸的家有着令人一见倾心的小资情调。

204／ 各个界面采用繁简对比、深浅搭配的设计手法，空间显得层次分明、铺叙得当。精致的欧式线条在家具和主卫的门上留下足迹，细节的雕琢令空间轻度奢华而有情调。

205／ 实用性的柜体色彩厚重，"U"形的设计打破其沉闷感。一朵白莲花盛开在静谧的空间里，"清风自来，时光静好"，一丝禅意韵味使空间的精致感得到提升。

主要装饰材料

❶ 实木地板　　❷ 绒布软包　　❸ 沙比利饰面板　　❹ 爵士白大理石　　❺ 硬包　　❻ 杉木板　　❼ 柚木条

206

207

208

209

206／空间以纯净的美感效果为诉求，运用白色和木色的柔和自然，打造出清新明亮的玲珑美家。

207／地板和柜体的深沉木色与高光花纹壁纸形成鲜明对比，静谧的空间展现出华贵气质；而别致的吊灯和金属材质的应用，使空间更贴近时尚。

208／电视背景墙与地板统一采用杉木板铺贴，带出流畅的布局，打造了空间的完整性。

209／气势如虹的柚木格栅与横线拉槽处理的电视背景墙纵横交错，视觉效果强烈。花架上的瓷器一抹中国红带出淡淡的中式风，给时尚空间增添了古典美。

210/ 清浅的玻化砖和墙砖搭配灰色沙发，空间整体轻盈明亮。壁纸的图案和电视背景墙的几何造型进一步强调了线条元素的应用，带来了空间的现代自然简约风。

211/ 原木材料的运用贯穿整个室内空间，传递质朴自然、温和踏实的特性和安静生活的味道。

212/ 墙面和天花铺以大面积的实木拼板，展现大尺度景深的空间，同时凸显清新自然的主题。气势不凡的书架在组合光带的映衬下，营造出浓厚的文化氛围。

❶ 木纹玻化砖　　❷ 麻纹壁纸　　❸ 桑拿板　　❹ 米黄大理石　　❺ 水泥预制板　　❻ 水曲柳面板擦色

213／ 圆形的灯池以浮雕板装饰并搭配圆形宫灯，成为视觉焦点。黑胡桃木花格和仿古圈椅对称布置，沉稳儒雅的中式意蕴铺陈出来。荷花池的造型给空间主题增添了一抹动人的神韵。

214／ 空间的各个界面都采用不同的材质体现深浅色调的对比，凸显空间的丰富层次。大块面的材质铺陈中，必不可少的精致细节表达，让时尚的空间锦上添花。

215／ 质朴的仿古砖，蓝白相间的壁纸，连续的拱门造型，带出一丝地中海的异域风情；纯粹的色彩，自然的气息，浓情的浪漫，让家成为心灵的栖息地。

216

217

218

216/ 沙发背景墙的大理石框边围合灰色花纹壁纸，呼应了电视背景墙的材质与造型，增强了整体空间的统一性。灰色的沙发和台灯有着低调的奢华气息，空间舒适又时尚。

217/ 同色系颜色深浅不同的木纹玻化砖用相同的装饰手法统一空间，彰显现代简约风格的明快与干练，营造一个整洁安逸的空间。

218/ 空间以利落的直线条勾画界面，色调则是灰、白、米色穿插使用，加上稍显华丽的细节点缀，造就了时尚精美的家居空间。

❶ 爵士白大理石　　❷ 木纹玻化砖　　❸ 素色壁纸　　❹ 有色乳胶漆　　❺ 沙比利饰面板　　❻ 玻化砖　　❼ 泰柚木饰面板

219

220

219　空间采用灰色与白色的淡雅组合，再融入木地板的自然本色，卧室氛围平和舒缓、清新质朴；活泼的白色壁挂装饰品，给空间注入了更多的现代气息。

220　木纹砖饰面的电视背景墙与实用性的柜体装饰了整个立面，与沙发背景墙的装饰形态协调统一，丰富了空间表情，带出空间的纵深感。

221　地面和墙面采用相同材质，空间色调完整统一、通透明亮。沉稳的木格栅和俊逸的梅花画卷，赋予时尚空间雍容典雅的气质。

221

222/ 室内的实木橱柜家具、细木格拉门、竹质
卷帘，以天然的材质特性演绎出和风禅意，
空间气韵文雅柔和。

223/ 天花的木条造型呼应了各个界面有形无形
的线条设计，充满韵律感的凹凸变化给整
齐而规则的空间带来灵动的表情。

224/ 木元素是空间里的主打元素，从天花的镶
边到墙面的装饰，从家具到楼梯，无不体
现其淳朴自然之风。墙面上一块浅绿的特
色石材镶嵌，仿佛温润的美玉，散发着悠
远脱俗的气息。

❶ 白橡木实木条　　❷ 白橡木饰面板　　❸ 紫檀木条　　❹ 仿古砖　　❺ 实木条刷白漆　　❻ 硬包

225 / 实木拼板的顶棚延续到敞开式餐厅，加强了空间连贯性的同时也铺陈出自然和质朴的味道。蓝色的布艺沙发散发着亲切和闲适的气息，着意打造清新浪漫的欧式田园风。

226 / 白色的墙面和天花在视觉上放大了空间，增加了空间的舒适度。欧式电视柜、铁艺吊灯和富有情趣的饰品，令简约的空间有了格调。

227 / 白色的吊顶与电视背景墙的饰面板造型相呼应，空间显出端正、恢弘的气势。地面的拼花产生鲜明的律动感，减轻了凝重的空间氛围。

228/ 时尚、绅士的黑白灰搭配，简单而又能缔造丰富的层次感。电视背景墙的立体几何造型别具一格，充满设计感。

229/ 不加任何夸张的修饰，一尘不染的空间，视觉感受尤为清新明净；黑、白、灰的色调组合，表达了业主生活态度的淡定和从容。

230/ 米白色的空间清新淡雅，富有心思和品位的细节串起整个空间的精致感。床头墙上的装饰镜映衬着空间的光影变化，充满趣味。

① 条纹壁纸　② 黑镜　③ 有色乳胶漆　④ 实木地板　⑤ 马赛克　⑥ 彩色瓷片　⑦ 白橡木条

231

232

233

234

231/ 深色的地板和实木家具沉稳典雅，一气呵成的黄色墙面明亮活泼，两种色彩和风格平衡了繁复与简约两种气质，欧式情结中融入时尚元素，显得异样的和谐。

232/ 空间的每个界面都可以见到矩形装饰元素的运用，尤其是地面的菱形色块拼贴异常生动明艳，带来强烈的视觉效果，使异域风情的空间氛围更为活跃。

233/ 设计师以绚丽饱满的色彩，层次分明的各种色块组构多个立面。高耸的壁炉造型，精美的复古家具，繁华的吊灯，大幅的油画，搭配出华贵气派的浓情美家。

234/ 洗尽铅华的空间只留下木色的质朴自然，生活变得简单明了、安静从容。

235/ 实木地板的色彩和纹理铺就出整个空间的自然和清新感。电视背景墙的凹凸造型生动别致，独具匠心。书架组合打造完整的沙发背景，书香气息浓郁。

236/ 局部抬高的地面界定了不同的功能区域。拼花马赛克的神秘、碎花壁纸的恬美，大理石的时尚、藤制家具的自然，混搭的田园空间魅力无限。

237/ 米黄大理石铺贴的半隔断电视背景墙与从天花垂下的水晶帘一起，打造出极富流动性的开敞空间。碎花壁纸连着碧绿的荷叶，仿古砖的地板载着质朴的藤椅，一个清新自然的空间，也是一个温馨满满的家。

❶ 水曲柳饰面板刷白漆　　❷ 米黄大理石　　❸ 纸布硬包　　❹ 米色软包　　❺ 花纹壁纸　　❻ 木纹大理石　　❼ 灰镜

238

239

238／　灰色和杏黄色、米色交替运用，空间色调
　　　过渡自然，不规则的结构得以巧妙修饰和
　　　利用，整体空间呈现恬淡温馨的氛围。

239／　水晶珠帘隔断富有韵律感的线条构成方式，
　　　也体现在木纹大理石与大面积的竖纹壁纸
　　　上，在素白的空间底色中产生和谐的视觉
　　　效果，突出了简洁现代的装饰手法。

图书在版编目（CIP）数据

清新田园 / 叶斌编著 . —福州：福建科学技术出
版社，2013.11
（名家家装＋材料标注）
ISBN 978-7-5335-4401-0

Ⅰ.①清… Ⅱ.①叶… Ⅲ.①住宅－室内装饰设计－
图集 Ⅳ.① TU241-64

中国版本图书馆 CIP 数据核字（2013）第 246008 号

书　　名　清新田园
　　　　　　名家家装＋材料标注
编　　著　叶斌
出版发行　海峡出版发行集团
　　　　　　福建科学技术出版社
社　　址　福州市东水路 76 号（邮编 350001）
网　　址　www.fjstp.com
经　　销　福建新华发行（集团）有限责任公司
印　　刷　福建彩色印刷有限公司
开　　本　889 毫米 × 1194 毫米　1/16
印　　张　4.5
图　　文　72 码
版　　次　2013 年 11 月第 1 版
印　　次　2013 年 11 月第 1 次印刷
书　　号　ISBN 978-7-5335-4401-0
定　　价　26.80 元
　　　　　书中如有印装质量问题，可直接向本社调换